生命篇

哇，科学有故事！

恐龙的故事

[韩]朱景川/文 [韩]金孝真/绘 千太阳/译

人民东方出版传媒
People's Oriental Publishing & Media
東方出版社
The Oriental Press

我发现的化石是灭绝动物骨头吗?
安宁

这块化石是什么动物的骨头?
曼特尔

始祖鸟是恐龙，
还是鸟类？
赫胥黎

目录

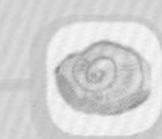

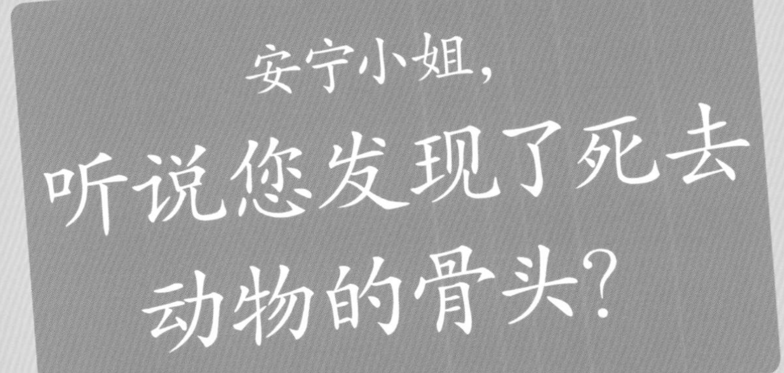

安宁小姐，
听说您发现了死去动物的骨头？

古时候，人们对化石一无所知。没有人能想到那是生活在数亿年前的动物的痕迹。自从我发现鱼龙的化石后，人们才开始关注起那些灭绝的动物来。

19 世纪初期，英国南部地区有一个小姑娘，她的名字叫玛丽·安宁。

安宁的爸爸是一个制作家具的工匠。然而，仅仅靠制作家具挣来的钱，很难维持家里的生计。

于是，他带着家人搬到海边，找到了一份采集化石的工作。

化石是游客们非常喜欢的纪念品。

安宁从小对化石充满了好奇和幻想。

这块化石里面的是什么类型的动物呢？

是不是像鲸鱼一样的大型动物呢？

现在世上还有这样的动物吗？或者，它已经彻底灭绝了？

安宁每天都瞪着充满好奇的大眼睛去寻找化石。

看到迷上化石的安宁，村子里的小伙伴们都称她为“石头少女”“化石少女”。

寻找化石需要投入大量的时间和努力。安宁耐心地观察海边的悬崖，那里是经常发现化石的地方。

安宁发现的化石

安宁 12 岁的时候，发现了一块从来没有见过的特殊化石。

巨大的头骨化石就那样突兀地显露在悬崖壁上。

“我要用锤子敲碎那些石头才行。”

安宁把錾（zàn）子放在石头上，用锤子敲了起来。

化石的边缘开始一点点从岩石上分离下来。

“我要继续用小锤子敲打，把粘在化石上的小石块都敲下来。”

随着安宁的一阵敲打，化石开始慢慢显露出原来的样子。

这就是人们最初发现的鱼龙化石。

鱼龙是一种很久以前生活在海洋里的动物。

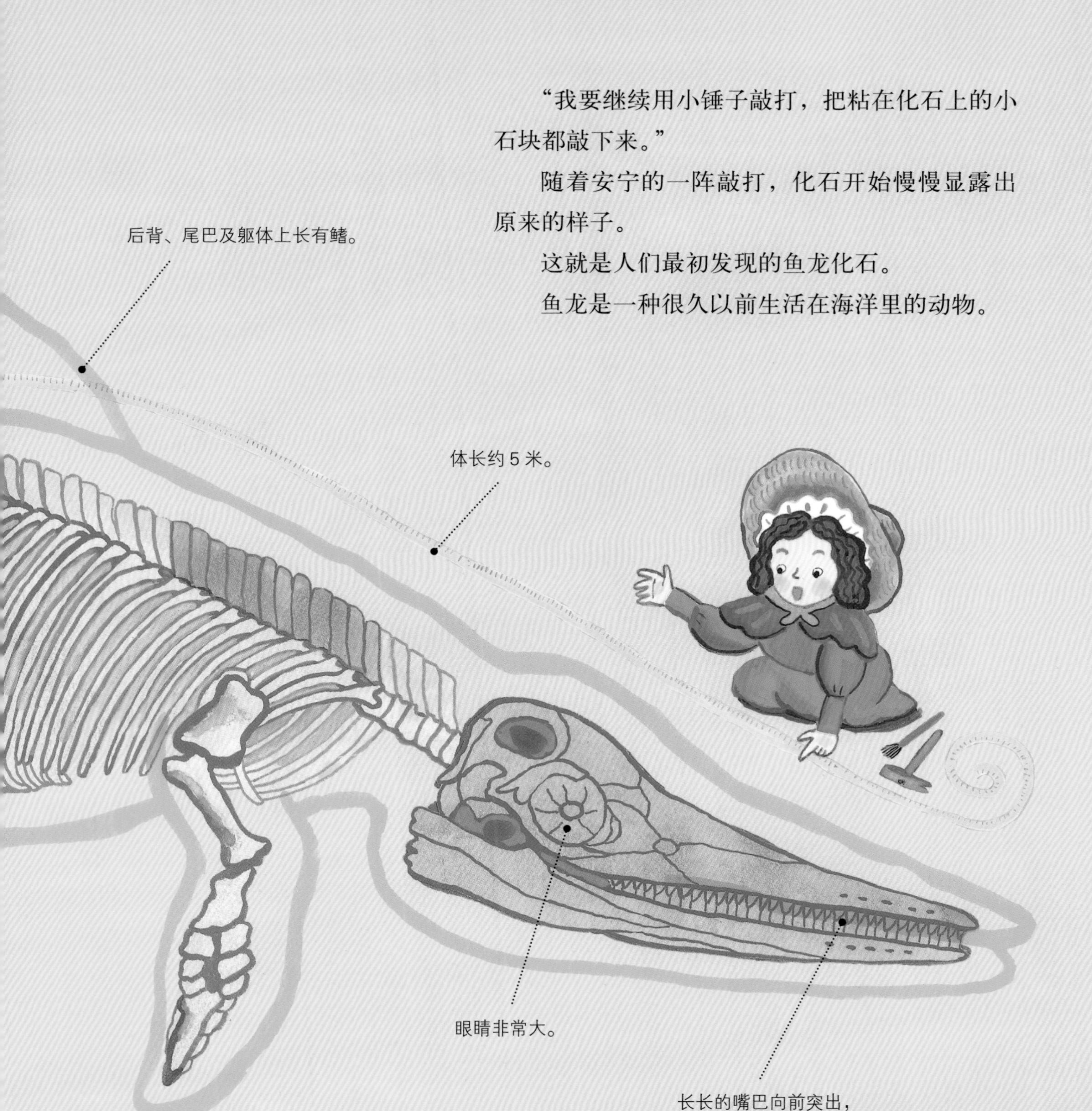

后背、尾巴及躯体上长有鳍。
体长约 5 米。
眼睛非常大。
长长的嘴巴向前突出，
上面长满锋利的牙齿。

为了弄清楚自己发现的化石是什么动物，安宁开始不断学习与恐龙有关的知识。她从图书馆里借来有关地质学和古生物学的书籍，看了一遍又一遍；同时，她还不断观察化石，并与其他动物的骨骼进行比较。

在发现鱼龙的化石之后，安宁又陆续发掘出很多灭绝动物的化石。通过各种研究，安宁学到了很多与灭绝动物有关的知识。

安宁的知识量完全不亚于专门研究化石的学者们。

甚至，有的学者还通过研究安宁发现的化石发表了论文。

安宁发现的化石，为科学家们复原远古灭绝动物形态和生存情况提供了关键资料。

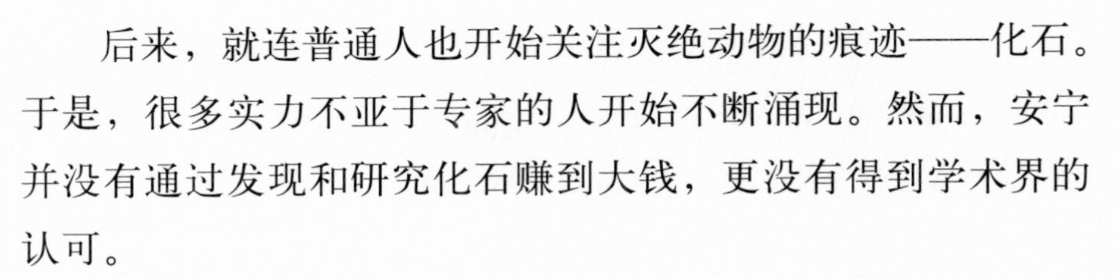

后来，就连普通人也开始关注灭绝动物的痕迹——化石。于是，很多实力不亚于专家的人开始不断涌现。然而，安宁并没有通过发现和研究化石赚到大钱，更没有得到学术界的认可。

可正是因为有了安宁的发现，古生物学才能得到快速的发展。

如今，人们依然称呼安宁为“古生物学之母”。

灭绝

“灭绝”的意思是地球上曾经出现过的物种，已经不再存在。灭绝是大自然中很常见的一种现象。环境变化等原因很容易引发物种的灭绝。但是近年来，一些原本快要灭绝的动植物在人类的干涉下数量暴增，反而成为困扰人类的难题。

人类导致的灭绝

很多动物的灭绝并非因为自然环境的变化，而是源于各种人为因素。

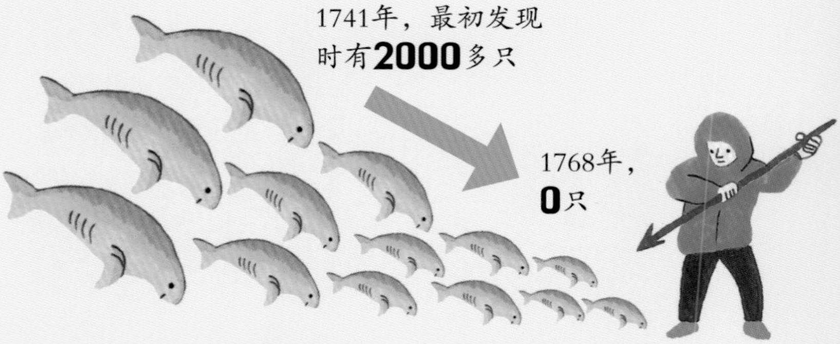
1741年，最初发现时有**2000**多只
1768年，**0**只

为了获得肉和皮毛，猎人们不断猎杀斯特拉大海牛。于是，它们灭绝了。

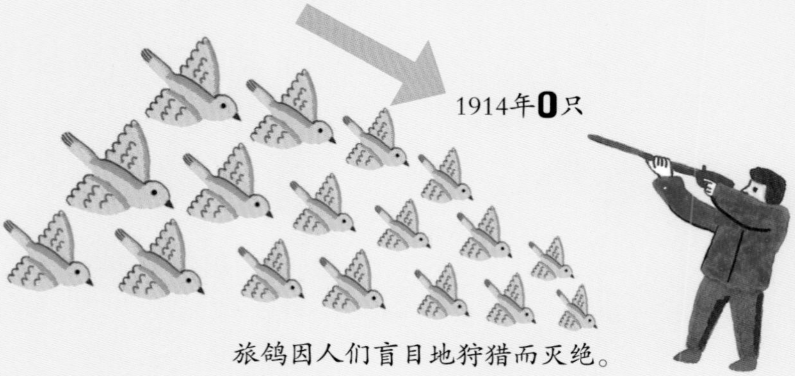
19世纪初期有**50**亿只
1914年**0**只

旅鸽因人们盲目地狩猎而灭绝。

随着人类不断扩大耕地面积，落基山蝗虫因失去生存环境而灭绝。

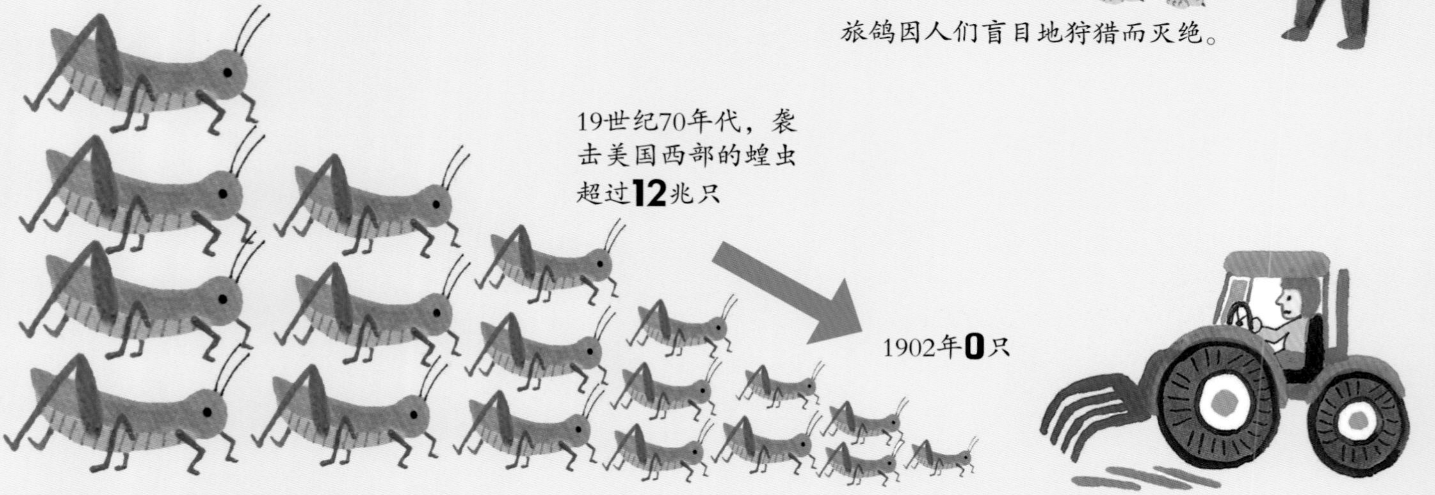
19世纪70年代，袭击美国西部的蝗虫超过**12**兆只
1902年**0**只

濒危动物

处于灭绝危机中的动物，我们称为濒危动物。据了解，大约20%的哺乳动物、12%的鸟类、30%的两栖动物都处在灭绝的边缘。

12%的鸟类

20%的哺乳动物

30%的两栖动物

大灭绝

由于火山爆发或小行星撞击等原因，地球的环境发生巨变，导致很多动物死去的现象，我们称为“大灭绝”。

3亿6000万年前	2亿5000万年前	6600万年前
包括甲胄（zhòu）鱼在内的70%的生物遭到灭绝。	包括三叶虫在内，95%的海洋生物，以及70%的陆地生物都遭到灭绝。	包括恐龙在内，75%的生物都遭到灭绝。

与偏见抗争的女科学家们

在当时，安宁之所以没能得到人们的认可，只因为她是女性。19 世纪之前，女性很难成为科学家。由于大部分女性都没能接受正规教育，所以人们认为相夫教子才是她们该做的事情。不过，也有一些女性，出生在富裕家庭里，从小接受过正规教育，但是她们想成为科学家时，依然会受到来自男性科学家的歧视。甚至，有些男性科学家拒绝与女性科学家共用一间实验室。

然而，即使在这样的环境中，女性科学家们也没有放弃研究，最终为科学发展做出了巨大贡献。

1847 年，玛丽亚·米切尔发现彗星；哈雷特·豪斯是第一位参与发掘古代遗迹活动的女性。威廉明娜·弗莱明原本是一名天文学家教授家里的保姆，但在为教授跑腿的过程中，机缘巧合地分配到分析恒星光谱的工作。后来，弗莱明建立了对恒星进行分类的体系，同时对 1 万多颗星星做了分类。正是有了那些在科学史上留下伟大业绩的女性，人们对女性科学家的偏见才渐渐消失。玛丽·居里能够成为首位获得诺贝尔奖的女性，也与之前众多女科学家们付出的努力分不开。

在实验室做研究的玛丽·居里

曼特尔老师，
听说是您最早发现了恐龙化石？

自从玛丽·安宁发现灭绝动物的化石后，欧洲掀起了一股收集化石的热潮。我也是在收集研究化石的过程中，误打误撞发现了恐龙化石。

住在英国的吉迪恩·曼特尔，原本是一位乡村医生。

1822 年，在去给患者治病的路上，曼特尔与夫人玛丽一起聊起了化石。曼特尔在很久以前就对化石情有独钟。在等待曼特尔给病人治疗时，玛丽在周围散步，却在途中发现了一块东西。

曼特尔非常好奇化石的“主人”到底是谁。

“这绝对是一块灭绝动物的化石。”

“从尖锐的长相来看，它应该是一颗牙齿。”

“一颗牙齿都这么大，那它的体形肯定更加庞大。”

曼特尔反复阅读曾经读过的有关化石的书籍，同时又将自己收集的化石重新观察了一遍。

然而，他依然无法确定这是什么动物。

曼特尔将自己发现的化石拿给科学家们看，觉得他们应该能轻松解开自己的疑惑。

然而，科学家们的看法却并不一致。

曼特尔顿时变得更疑惑了。一个偶然的机会，他遇到了一位鬣（liè）蜥专家。

那个人表示曼特尔发现的化石与鬣蜥的牙齿形状很相似。

曼特尔给化石的“主人”取名为“禽龙”，意为“鬣蜥的牙齿”。

曼特尔不断收集新的化石并进行研究。他觉得自己之前发现的化石，是一种已经在地球上消失的爬行动物。

在对曼特尔发现的化石进行分析后，理查德·欧文也得出了同样的结论，还把这些动物命名为“恐龙”。

恐龙是什么样的动物呢?

曼特尔的观点

这是一种全新的爬行动物。它与现在的爬行动物有着很大的区别。

它是一种体形非常庞大的动物。

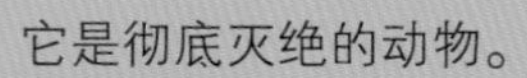

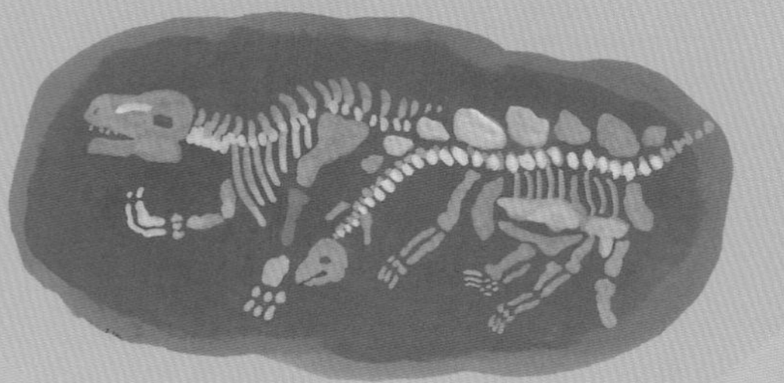

它的牙齿很大很尖锐。

曼特尔根据自己发现的化石，对恐龙的形态做出了判断。尽管有些部分与实际并不符合，但大部分都很接近。

它们是大约生活在 2 亿 3000 万年前的爬行动物。

它们的体形有大有小。小的体长不足 1 米，大的体长超过 30 米。

它们有的牙齿很宽大，有的牙齿很尖锐。

它们一部分灭绝，一部分进化。

禽龙的形态，从人们最初想象的样子开始慢慢得到了“进化”。1878 年，随着禽龙化石大量被发现，科学家们试着将发掘出来的化石拼了起来。

最终，人们证实曼特尔所发现的化石其实是禽龙的前爪拇指。

1825年
被认为是牙齿。
1854年
被认为是用四足行走的恐龙的角。

多亏了曼特尔的发现，科学界才兴起研究恐龙的热潮。科学家们一边研究探讨恐龙化石，一边试图去了解恐龙的生存方式。

正是曼特尔的小发现，令恐龙得以“重生”。

1920年
被认为是双足直立行走的
恐龙的前爪拇指。
1941年
被确认是用四足行走
的恐龙的前爪拇指。

恐龙

恐龙是大约 2 亿 3000 万年前生活在地球陆地上的爬行动物。后来，恐龙在经历长达 1 亿 6000 万年的繁盛时期后灭绝。生活在海洋中的鱼龙和在天空中飞翔的翼龙其实不是恐龙，而是属于爬行动物。

恐龙的大小

恐龙的体形千差万别：有的大得像房子一样，有的则非常小。

体长 **22** 米

身高 **15** 米

腕龙的体长约为22米，站立时的身高约为15米。

美领龙体长只有60厘米左右。

体长 **60** 厘米

恐龙蛋的大小

所有的恐龙都是卵生动物，但是其中一些恐龙蛋非常大。

长度 **30** 厘米

高桥龙的蛋

鸡蛋

长度 **6** 厘米

恐龙的食物

恐龙主要分为以其他动物为食的食肉恐龙和以植物为食的食草恐龙。

神话传说中的动物

以前，在看到早已灭绝的恐龙化石后，人们都认为那是传说或神话中出现过的动物。龙是最典型代表之一，而且在西方和东方的传说中都出现过。在西方，龙被看作是地下世界的主宰、一种邪恶的怪兽；而在东方，龙则是一种象征祥瑞的飞天神兽。西方的龙长有巨大的翅膀和长长的尾巴，脚上还长有像雄鹰一样尖锐的爪子。不同于西方的龙，东方的龙头上长着角，体形像蛇一样修长。在东方，人们把龙当作神灵，会绣在皇帝的衣服上，同时在皇帝所生活的宫殿四周都摆放着各种雕有龙图案的物品。

獬豸（xiè zhì）是中国古代神话传说中的神兽。它长得跟狮子很像，但是头部中央长有独角。据说獬豸能辨是非曲直，所以会惩罚犯错的人。在韩国的光华门前也设有獬豸的铜像。

希腊神话中出现的格里芬，是一种鹰头狮身的神兽。

除此之外，人们想象的动物还有被北美的原住民们视为神灵的雷鸟，以及古希腊罗马神话中蛇头鸡身的蛇怪等。

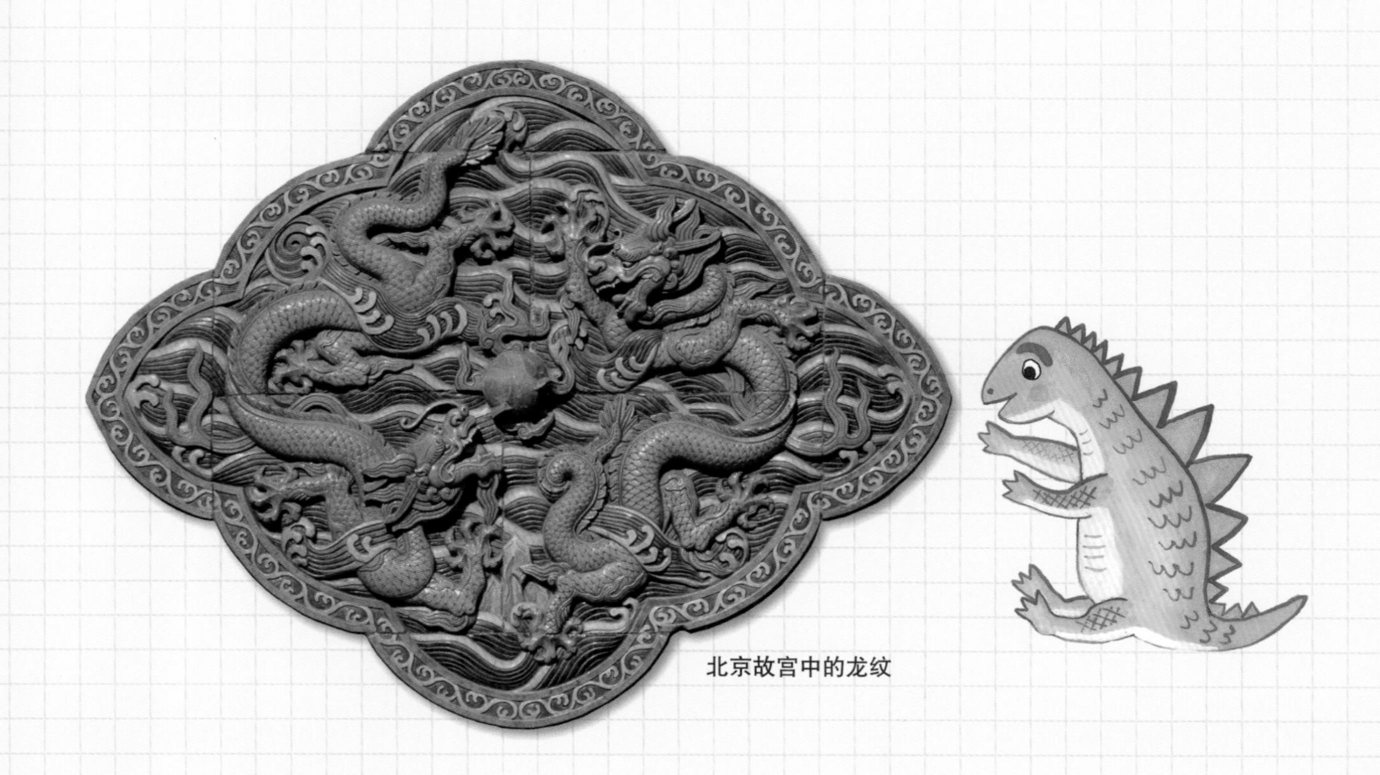

北京故宫中的龙纹

人们都认为恐龙早在很久以前就已经灭绝。但是随着始祖鸟化石的被发现，人们的想法也发生了一些改变。例如，我就曾证明了恐龙经过始祖鸟形态进化为鸟类。

“叮叮，当当，轰隆！”

1861 年，一群人在德国的一个采石场里开采石头。

“咦，这是什么？喂，这边的石头上好像刻着什么东西。”

“咦，这不是化石吗？”

矿工们围着开采出来的化石，你一言我一语地讨论起来。

“这就是最近贵族们喜欢收集的化石吗？”

“虽然不知道是不是恐龙，反正绝对是非常奇特的化石。”

这个消息很快便传到科学家们的耳中。

“你听说了吗？在德国，有人发现了新的化石！”

“我也听说了。我们不如去调查一下，看看到底是什么化石吧。”

科学家们都摩拳擦掌，想要比别人先一步证明化石中的是什么动物。

科学家们从新发现的化石中发现诸多与恐龙相似的地方，于是断定它是恐龙的一种。对此，普通人都深信不疑。

有着长长的尾巴。

长有尖锐锋利的牙齿。

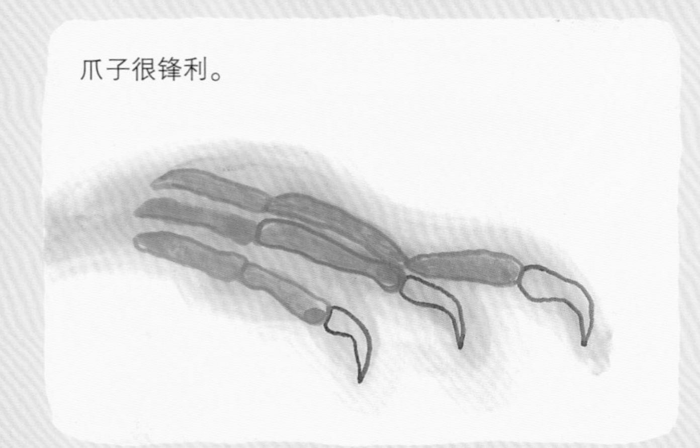

爪子很锋利。

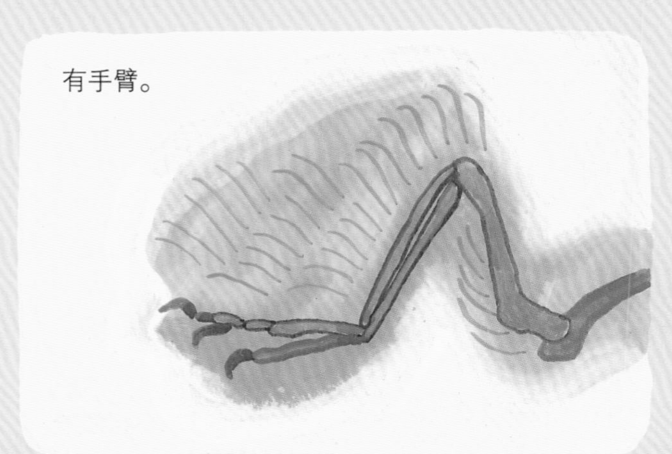

有手臂。

这肯定是恐龙！

但是也有一些科学家在化石中发现了不同于恐龙的特点，并提出了不同的见解。

如果是恐龙，皮肤上就应该覆盖着鳞片。
但是它的全身都覆盖着一层羽毛。
另外，它还长有翅膀。
这绝对是一种鸟。

科学家们想象不出身上长着羽毛的恐龙。
他们认为它肯定是一种鸟类，而并非恐龙。

赫胥黎的结论

人们给它起了个名字，叫作“始祖鸟”，意为最初的鸟。

英国博物学家托马斯·赫胥（xū）黎对动物的环境适应能力很感兴趣。在研究始祖鸟化石的过程中，赫胥黎突然想到了问题的关键之处。那就是恐龙、始祖鸟和鸟类的共同点。因此，他得出了一个结论：始祖鸟是连接恐龙和鸟的重要纽带。

从有牙齿跟爪子的情况来判断，很难看作是鸟。

从有翅膀和羽毛的情况来说，又很难看作是恐龙。

之后，人们又不断挖掘出很多始祖鸟的化石。随着复原技术的发展，更多真实信息被人们掌握。科学家们得出结论，恐龙中的某个分支在适应环境的过程中，进化为始祖鸟，而始祖鸟又逐渐转变为鸟。赫胥黎的观点终于得到了证实。

科学知识

始祖鸟

始祖鸟是一种像恐龙一样拥有牙齿和尾骨及指甲，同时又像鸟类一样长有羽毛的动物。据说最初发现的化石中的始祖鸟生活在约 1 亿 5000 万年以前。科学家们认为始祖鸟是恐龙的后代，同时也是鸟类的祖先。

始祖鸟的外形

体长约 **0.5**米

体重约 **0.8~1** 千克

尾巴

不同于鸟类，它的尾骨延伸至尾端。

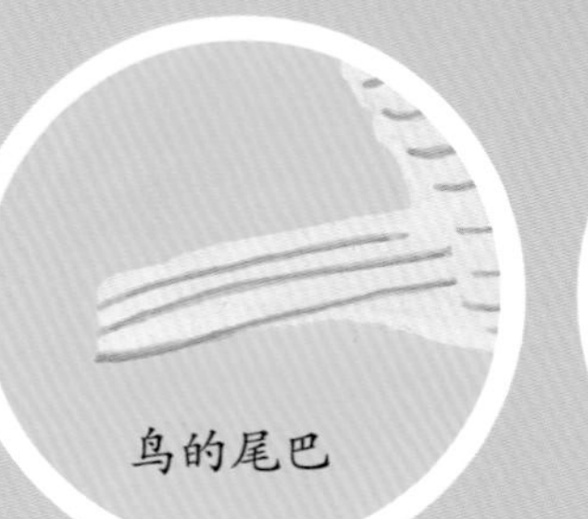
鸟的尾巴

始祖鸟的尾巴

翅膀

张开巨大的翅膀，就能进行飞翔或者滑翔。

与鸟类相似的恐龙
一些恐龙像始祖鸟一样，有着恐龙的骨骼形态，并长有羽毛。
中华龙鸟
身上长有羽毛，加上后腿修长，因此可以快速移动。
赫氏近鸟龙
四肢长有羽毛，头上还长着像鸡一样的冠。
小盗龙
全身覆盖着羽毛，而且四肢和尾巴长有长羽毛，可以滑翔。
斑比盗龙
身上长着绒毛。由于不能飞翔，所以捕食猎物时会蹦着前行。

恐龙生活过的地方

自从第一块恐龙化石被发现后，为了寻找更多的恐龙化石，全世界的科学家们在世界各地奔波着。发现恐龙化石的地区大都是中生代白垩纪地层发达的地方。因为这个时期是恐龙的繁盛期。另外，受到风力侵蚀，导致岩石层露出地表的地方，或者包裹着化石的地层比较柔软，很容易发掘的地方等都是比较容易发现化石的地方。

北美是目前发现恐龙化石最多的地方。巨大的食肉恐龙——霸王龙和头上长着角的三角龙等著名的恐龙都是在那里发现的。其中，还要属美国的科罗拉多州和犹他州最为出名。

在阿根廷的月亮谷中，人们也曾发现很多恐龙化石，那里也是古生物学家们经常光顾的地方。

直至今日，人们发现的恐龙化石中有四分之一是在亚洲发现的。在亚洲，中国和蒙古的沙漠地区都是恐龙化石的高产地区。

在蒙古戈壁沙漠中发现的恐龙化石

寻找新的恐龙化石

自从曼特尔发现禽龙后，科学家们纷纷开始投身到研究恐龙的事业当中。即使是现在，依然有很多古生物学家为了寻找恐龙化石而在世界各地奔走。

1811年

发现鱼龙化石

安宁在英国南部海岸发现鱼龙的化石。鱼龙是很久以前生活在海里的爬行动物。

1822年

发现恐龙化石

曼特尔在发现部分恐龙化石后，将那只恐龙命名为“禽龙”。

1828年

发现翼龙化石

安宁在英国发现长有翅膀的翼龙化石。安宁发现的翼龙化石是德国以外的地区发现的第一块翼龙化石。

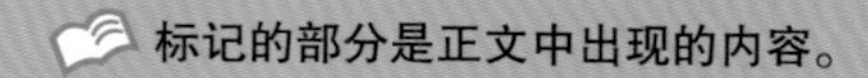
标记的部分是正文中出现的内容。

1861年

发现始祖鸟化石

在德国的一个采石场里，矿工们无意间发现了始祖鸟的化石。赫胥黎证明了始祖鸟是恐龙的后代，同时是鸟的祖先。

1878年

发现禽龙化石

人们发现骨骼完整的禽龙化石。于是，科学家们一边拼凑禽龙的骨头，一边开始了解禽龙的体形和特征。

现在

随着计算机等科学技术的发展，人们开始掌握很多只凭借化石无法得知的信息。据说，人们现在正在尝试复原恐龙的皮肤、眼睛、行为等特征。

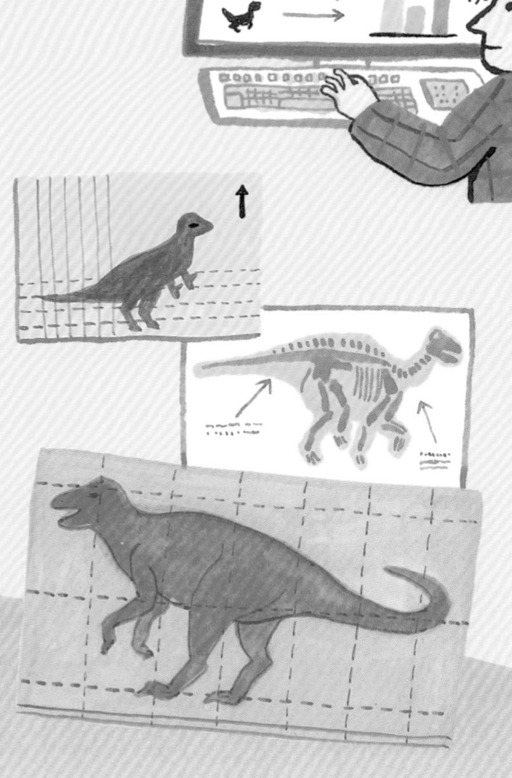

图字：01-2019-6047

图书在版编目（CIP）数据

恐龙的故事 /（韩）朱景川文；（韩）金孝真绘；千太阳译 . —北京：东方出版社，2020.7
（哇，科学有故事！. 第一辑，生命 · 地球 · 宇宙）
ISBN 978-7-5207-1481-5

Ⅰ . ①恐… Ⅱ . ①朱… ②金… ③千… Ⅲ . ①恐龙－青少年读物 Ⅳ . ① Q915.864-49

中国版本图书馆 CIP 数据核字（2020）第 038677 号

哇，科学有故事！生命篇 · 恐龙的故事
（WA，KEXUE YOU GUSHI! SHENGMINGPIAN · KONGLONG DE GUSHI）
作　　者：［韩］朱景川 / 文　［韩］金孝真 / 绘
译　　者：千太阳

策划编辑：鲁艳芳　杨朝霞
责任编辑：杨朝霞　金　琪
出　　版：東方出版社
发　　行：人民东方出版传媒有限公司
地　　址：北京市西城区北三环中路6号
邮　　编：100120
印　　刷：北京彩和坊印刷有限公司
版　　次：2020年7月第1版
印　　次：2020年7月北京第1次印刷　2021年9月北京第4次印刷
开　　本：820毫米 × 950毫米　1/12
印　　张：4
字　　数：20千字
书　　号：ISBN 978-7-5207-1481-5
定　　价：398.00元（全14册）
发行电话：（010）85924663　85924644　85924641

文字　[韩] 朱景川

攻读地理学专业，毕业后一直创作儿童图书。创作的作品有《21世纪熊津学习百科》《有趣的世界地理故事》等。编写的作品有《恐龙100》《意大利》《西班牙》《有趣的韩国地理故事》等。

插图　[韩] 金孝真

在英国学习，并荣获“宝林创作绘本”公募大赛奖和“野间插图奖”等多种奖项。主要作品有《要跟我一起去洗手间的人》《心呀，不要变小》《用手画一画才能更好地了解我们的土地》《坎特叔叔家的戏剧班》等。

审编　[韩] 李正模

毕业于延世大学生物化学专业，后考入德国波恩大学学习化学。毕业后担任安阳大学教养专业的教授，现为西大门自然史博物馆的馆长。主要作品有《给基因颁发专利》《日历和权力》《希腊罗马神话科学》等，主要译作有《人类简史》《魔法的熔炉》等。

哇，科学有故事！（全33册）

扫一扫
看视频，学科学